选材版

突破经典家装案例集

TUPO JINGDIAN JIAZHUANG ANLIJI

突破经典家装案例集编写组/编

餐厅、玄关走廊

机械工业出版社
CHINA MACHINE PRESS

对于每个家庭来说，家庭装修不仅要有好的设计，材料的选择更是尤为重要，设计效果最终还是要通过材质来体现的。要想选到又好又适合自己的装修材料，了解装修材料的特点以及如何进行识别、选购，显然已成为业主考虑的重点。"突破经典家装案例集"包含了大量优秀家装设计案例，包括《背景墙》《客厅》《餐厅、玄关走廊》《卧室、书房、厨房、卫浴》《隔断、顶棚》五个分册。每个分册穿插材质的特点及选购等实用贴士，言简意赅，通俗易懂，让读者对自己家装风格所需要的材料色彩、造型有更直观的感受，在选材过程中更容易选到称心的装修材料。

图书在版编目（CIP）数据

突破经典家装案例集 ：选材版. 餐厅、玄关走廊 ／
突破经典家装案例集（选材版）编写组 编． — 北京 ：
机械工业出版社，2015.3
ISBN 978-7-111-49689-2

Ⅰ．①突… Ⅱ．①突… Ⅲ．①住宅-餐厅-室内装修
-装修材料②住宅-门厅-室内装修-装修材料 Ⅳ．①TU56

中国版本图书馆CIP数据核字(2015)第052908号

机械工业出版社（北京市百万庄大街22号　邮政编码 100037）
策划编辑：宋晓磊　　　　　　　责任编辑：宋晓磊
责任印制：乔　宇　　　　　　　责任校对：白秀君
保定市中画美凯印刷有限公司印刷

2015年4月第1版第1次印刷
210mm×285mm · 6印张 · 195千字
标准书号：ISBN 978-7-111-49689-2
定价：29.80元

餐　厅

玄关走廊

玻化砖的特点

　　玻化砖吸水率越低，说明玻化程度越好，产品理化性能越好。玻化砖可广泛用于各种工程及家庭的地面和墙面。因其铺装效果好、用途广、用量大等特点而被称为"地砖之王"。玻化砖追求模仿石材的纹理和抛光后的质感。玻化砖色彩艳丽柔和，没有明显色差，质感优雅，性能稳定，强度高，而且耐磨。

有色乳胶漆

米色玻化砖

白色乳胶漆

木质搁板

木质踢脚线

木质搁板

陶瓷马赛克

桦木饰面板

红樱桃木饰面板

木纹玻化砖

木质踢脚线

纯纸壁纸

胡桃木装饰横梁

密度板雕花

木质搁板

车边银镜

米色玻化砖

木质搁板

灰镜装饰条

陶瓷马赛克饰面垭口

纯纸壁纸

白枫木饰面板 ·······

纯纸壁纸 ·······

磨砂玻璃 ·······

木纤维壁纸

木纹玻化砖

陶瓷马赛克

白枫木饰面板

有色乳胶漆

玻化砖的选购

1.看表面。看砖体表面是否光泽亮丽,有无划痕、色斑、漏抛、漏磨、缺边、缺脚等缺陷。查看底胚商标标记,正规厂家生产的产品底胚上都有清晰的产品商标标记,如果没有或者特别模糊,建议不要购买。

2.试手感。同一规格的砖体,质量好、密度高的,手感都比较沉,质量差的则手感较轻。

3.敲击瓷砖。若声音浑厚且回声绵长如敲击铜钟之声,则为优等品;若声音混哑,则质量较差。

米色玻化砖

木质踢脚线

人造大理石踢脚线

深咖啡色网纹大理石波打线

白色玻化砖

密度板雕花贴银镜

木纤维壁纸　　　　　　　　　　　　　　　　　　　　水曲柳饰面板

车边银镜

有色乳胶漆

不锈钢条

木纤维壁纸

米色玻化砖

装饰银镜

无纺布壁纸

大理石踢脚线

装饰灰镜

纯纸壁纸

皮纹砖

红樱桃木饰面板

车边银镜

雕花磨砂玻璃

密度板雕花贴银镜

车边银镜

白枫木装饰线

木质窗棂造型贴银镜

玻璃砖

黑白色抛光地砖

植绒壁纸   黑白根大理石装饰线

大理石踢脚线

纯纸壁纸

植绒壁纸

米色大理石

仿古砖的特点

　　仿古砖实质上是上釉的瓷质砖，通过样式、颜色、图案营造出怀旧的效果。仿古砖是由彩釉砖演化而来的，与普通的釉面砖相比，其差别主要表现在釉料的色彩上，仿古砖属于普通瓷砖。所谓仿古，指的是砖的外观效果，较易清洁。

仿古砖

纯纸壁纸

石膏装饰造型

有色乳胶漆

黑色烤漆玻璃

陶瓷马赛克

啡金花大理石

米黄色洞石

密度板雕花隔断

白枫木饰面板拓缝

纯纸壁纸

陶瓷马赛克

木质装饰横梁

黑色烤漆玻璃吊顶

白色玻化砖

车边银镜

木纤维壁纸

木质踢脚线

PVC壁纸

纯纸壁纸

植绒壁纸

密度板雕花隔断

仿古砖

皮纹砖

陶瓷马赛克————

绯红色网纹大理石波打线·········

灰色玻化砖·········

木纤维壁纸

米色玻化砖

茶色镜面玻璃

泰柚木饰面板

密度板雕花贴灰镜

仿古砖的选购

　　选购仿古砖时，先要考虑个人喜好、室内颜色、风格、面积及采光度等因素。首先，购买量要比实际面积多约5％，避免因补货而产生不同批次产品的色差、尺差。其次，要深入考察仿古砖的各项技术指标是否过硬。主要的标准包括吸水率、耐磨度、硬度、色差等。

　　1.吸水率。吸水率高的产品，其致密度低，砖孔稀松，吸水积垢后较难清理，不宜在频繁活动的地方使用，吸水率低的产品则致密度高，具有很高的防潮抗污能力。

　　2.耐磨度。耐磨度从低到高分为五度。五度为超耐磨度，一般不用于家庭装饰。家装用砖在一度至四度间选择即可。

　　3.硬度。硬度直接影响着仿古砖的使用寿命，这一标准尤为重要。可以通过敲击听声的方法来确定，声音清脆的就表明内在质量好，不宜变形破碎，即使用硬物划一下砖的釉面也不会留下痕迹。

　　4.色差。可以直观判断色差。要察看一批砖的颜色、光泽纹理是否大体一致，能不能较好地拼合在一起。色差小、尺码规整的则是上品。

仿古砖

车边银镜

水曲柳饰面板

手绘墙饰

纯纸壁纸

深咖啡色网纹墙砖

白色乳胶漆

车边银镜

密度板造型隔断

实木复合地板

有色乳胶漆

水曲柳饰面板

有色乳胶漆

装饰灰镜

陶瓷马赛克

有色乳胶漆

陶瓷马赛克

米黄色玻化砖

雕花银镜

雕花磨砂玻璃

密度板造型隔断

白色乳胶漆

磨砂玻璃

有色乳胶漆

米色亚光玻化砖

木纤维壁纸

车边银镜

木纹墙砖

PVC壁纸

装饰灰镜

米色亚光玻化砖

全抛釉瓷砖的特点

纹理能看得见但摸不到的全抛釉瓷砖是近几年才兴起的一种瓷砖产品，它是一种精加工砖，它的特点在于其釉面。全抛釉是一种可以在釉面上进行抛光工序的特殊配方釉，目前一般为透明面釉或透明凸状花釉。在其生产过程中，要将釉加在瓷砖的表面进行烧制，这样才能制成色彩、纹理皆非常出色的全抛釉瓷砖。全抛釉瓷砖的釉面光亮柔和、平滑不凸出、晶莹透亮，釉下石纹纹理清晰自然，与上层透明釉料融合后，犹如覆盖着一层透明的水晶釉膜，使得整体层次更加立体分明。

木质装饰横梁

车边灰镜

车边茶镜

有色乳胶漆

抛光釉面砖

纯纸壁纸

有色乳胶漆

木质踢脚线

有色乳胶漆

米色抛光墙砖

皮纹地砖

有色乳胶漆

车边灰镜

纯纸壁纸

密度板雕花

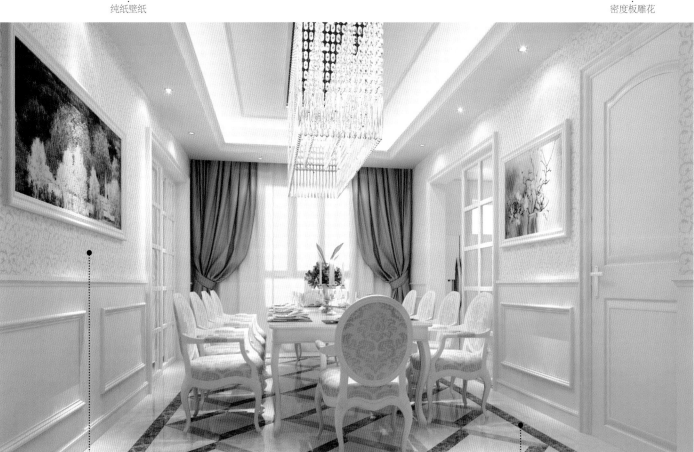

无纺布壁纸

深咖啡色网纹大理石波打线

白枫木饰面板

黑金花大理石波打线

车边银镜

雕花灰镜

强化复合木地板

钢化玻璃

黑胡桃木装饰线　　　　　　木纹玻化砖

陶瓷马赛克

木纤维壁纸

木质踢脚线

植绒壁纸

木质踢脚线

大理石饰面装饰立柱

米黄色大理石波打线

木质格栅

车边银镜

个性瓷片的特点

个性瓷片是瓷砖的一种，尺寸以及花纹具有较强的个性，多为订制生产，表面有立体感，价格通常比较贵。常被用于卫浴间，也可用来装饰其他空间的背景墙。可以根据室内的风格选择具体的颜色和图样，突出空间装饰效果的个性化。

因个性瓷片的价格比较贵，若想取得个性的效果但又没有太多的预算，可以局部使用。采用与普通砖结合的方式铺贴，通过对比，更能够彰显出个性瓷片的独特，起到进一步美化空间的装饰作用。

个性瓷片拼花

米黄色玻化砖

车边银镜

艺术墙砖

茶色镜面玻璃

PVC壁纸

米色网纹玻化砖

桦木饰面板

有色乳胶漆

装饰银镜

琉璃玻璃

车边银镜吊顶

仿洞石玻化砖

纯纸壁纸

黑胡桃木格栅

啡金花网纹大理石波打线

有色乳胶漆

茶红色镜面玻璃

桦木装饰立柱

冰裂纹玻璃

大理石踢脚线

密度板拓缝

白枫木格栅

车边银镜

陶瓷马赛克

植绒壁纸

木质踢脚线

木纤维壁纸

木质踢脚线

仿古砖

木纤维壁纸

植绒壁纸

米色玻化砖

PVC壁纸

磨砂玻璃

马赛克的特点

　　马赛克又称锦砖，是建筑上用于拼成各种装饰图案的片状小瓷砖。由坯料经半干压成形，窑内焙烧而成。马赛克主要用于铺地或内墙装饰，款式多样，常见的有贝壳马赛克、夜光马赛克、陶瓷马赛克以及玻璃马赛克等，装饰效果突出。

大理石踢脚线

装饰银镜

陶瓷马赛克

车边灰镜

白枫木装饰线

仿古砖

雕花茶镜

车边茶镜

白色乳胶漆

泰柚木饰面板

车边银镜

植绒壁纸

深咖啡色网纹大理石波打线

木质踢脚线

有色乳胶漆

陶瓷马赛克

绯红色网纹大理石波打线

有色乳胶漆

米黄色亚光玻化砖

胡桃木格栅

白色乳胶漆

车边银镜

植绒壁纸

木纹玻化砖

黑色烤漆玻璃吊顶

白色亚光玻化砖

无纺布壁纸

米黄色玻化砖

镜面马赛克

中花白大理石

有色乳胶漆

白色乳胶漆

木纤维壁纸

选材版

陶瓷马赛克的选购

1.规格齐整。选购时要注意颗粒的规格是否相同，每个小颗粒边沿是否整齐，将单片马赛克置于水平地面，检验是否平整，背面的乳胶层是否太厚。

2.工艺严谨。先摸釉面，可以感觉其防滑度；然后看厚度，厚度决定密度，密度高，吸水率才会低；最后看质地，内层中间打釉通常是品质好的马赛克。

3.吸水率低。把水滴到马赛克的背面，水滴往外溢的质量好，往下渗透的则质量差些。

陶瓷马赛克

木质搁板

米色人造大理石

钢化玻璃

黑色烤漆玻璃

深咖啡色网纹大理石

白色玻化砖

木质踢脚线

有色乳胶漆

纯纸壁纸

米黄色洞石

磨砂玻璃

车边银镜

木纤维壁纸

水晶装饰珠帘

米色网纹玻化砖

车边银镜

木质搁板

白枫木饰面板

砂岩背景板

冰裂纹玻璃

木纤维壁纸

防盗门的选购

防盗门作为入户门,是守护家居安全的一道屏障,因此首先应注重其防盗性能。除此之外,防盗门还应该具备较好的隔声性能,以隔绝室外的声音。防盗门的安全性与其材质、厚度及锁的质量有关,隔声则取决于密封程度。合格的防盗安全门门框的钢板厚度应在2mm以上,门体厚度一般在20mm以上,门体重量一般应在40kg以上,门扇钢板厚度应在1mm以上,内部应有数根加强钢筋以及石棉等具有防火、保温、隔声功能的材料作为填充物。用手敲击门体时应发出"咚咚"的响声,开启和关闭要灵活。

玄关走廊

大理石拼花

雕花银镜

木质踢脚线

白色乳胶漆

车边银镜

白色乳胶漆

全釉抛光地砖

植绒壁纸

白枫木饰面垭口

纯纸壁纸

实木装饰立柱

白桦木饰面板

成品铁艺隔断描金

雕花茶镜

陶瓷马赛克

彩色釉面墙砖

实木地板

纯纸壁纸

白色玻化砖

仿木纹抛光墙砖

白色釉面墙砖

米色玻化砖

个性瓷片拼花   白桦木饰面板

车边银镜

陶瓷马赛克

实木雕花隔断

强化复合木地板

木纹玻化砖

陶瓷马赛克

茶镜装饰条

木纹大理石

玻璃马赛克

米色网纹玻化砖

实木门的选购

1.检验油漆。触摸感受漆膜的丰满度,漆膜丰满说明油漆的质量好,对木材的封闭也有保障;站到门面斜侧方的反光角度,看表面的漆膜是否平整,有无橘皮现象,有无突起的细小颗粒。如果橘皮现象明显,则说明漆膜烘烤工艺不过关。花式造型门,则还要看产生造型的线条的边缘,尤其是阴角处有没有漆膜开裂的现象。

2.看表面的平整度。如果木门表面的平整度不够,则说明选用的板材比较廉价,环保性能也很难达标。

3.看五金。建议消费者尽量不要自行另购五金部件,如果厂家实在不能提供合意的五金产品,一定要选择质量有保障的五金产品。

彩绘玻璃

密度板雕花隔断

密度板雕花隔断

仿古砖

灰白色网纹玻化砖

仿古砖

仿古砖

木质踢脚线

全釉墙砖

陶瓷马赛克

胡桃木饰面板

泰柚木饰面板

纯纸壁纸

实木复合地板

绯红色网纹大理石波打线

米色网纹大理石

仿古砖

米色人造大理石

木质踢脚线

密度板雕花隔断

木质踢脚线

密度板雕花隔断

装饰灰镜

密度板雕花隔断

陶瓷马赛克

黑金花大理石波打线

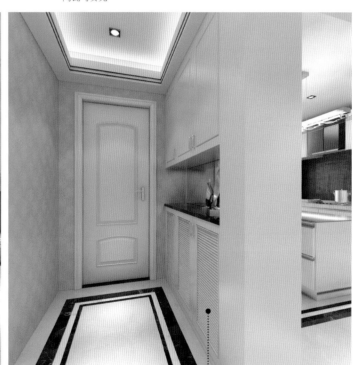

白枫木百叶

雕花烤漆玻璃

彩绘玻璃

纯纸壁纸

大理石踢脚线

密度板雕花隔断

木纹玻化砖

纯纸壁纸

实木复合门的特点

　　实木复合门的门芯多以松木、杉木或进口填充材料等黏合而成，外贴密度板和实木木皮，经高温热压后制成，并用实木线条封边。实木复合门重量较轻，不易变形、开裂。此外还具有保温、耐冲击、阻燃等特性，隔声效果同实木门基本相同。高档的实木复合门手感光滑、色泽柔和。

木质踢脚线

陶瓷马赛克

皮纹地砖

仿古砖

木纤维壁纸

白枫木饰面垭口

密度板雕花隔断

装饰银镜

仿古砖

木纤维壁纸

红樱桃木饰面板

米黄色洞石

仿古砖

强化复合木地板

爵士白大理石

浅咖啡色网纹大理石

纯纸壁纸

有色乳胶漆

爵士白大理石饰面垭口

深咖啡色网纹大理石饰面垭口

陶瓷马赛克

木纹大理石

啡金花大理石

陶瓷马赛克

木纹玻化砖

木纤维壁纸

仿古砖

大理石踢脚线

车边银镜

陶瓷马赛克波打线

木质踢脚线

纯纸壁纸

米色玻化砖

黑色烤漆玻璃

木质踢脚线

模压门的特点

模压门采用人造林的木材，经去皮、切片、筛选、研磨成干纤维，拌入酚醛胶和石蜡后，在高温高压下一次模压成型。模压门板带有凹凸图案，实际上就是一种带有凹凸图案的高密度纤维板。

仿古砖

陶瓷马赛克

冰裂纹玻璃

木纹玻化砖

密度板雕花隔断

米色玻化砖

车边银镜

纯纸壁纸

黑镜装饰条

木质踢脚线

纯纸壁纸

陶瓷马赛克

实木复合地板

雕花银镜

皮纹地砖

白枫木百叶

仿古砖

有色乳胶漆

木质踢脚线

木质踢脚线　　　　　　　胡桃木饰面板

车边茶镜

手绘墙饰

米色亚光玻化砖

黑金花大理石波打线

强化复合木地板

米黄色玻化砖

陶瓷马赛克

浅咖啡色网纹大理石波打线

车边茶镜

密度板造型隔断

白枫木装饰线

陶瓷马赛克拼花

木纤维壁纸

植绒壁纸

模压门的选购

选购模压门应注意,贴面板与框体连接应牢固,无翘边、无裂缝。内框横、竖龙骨排列符合设计要求,安装合页处应有横向龙骨。板面平整、洁净,无节疤、虫眼、裂纹及腐斑,木纹清晰,纹理美观。

根据使用空间的不同,可以选择不同款式的模压门。作为卧室门,要先考虑私密性,还要营造出一种温馨的氛围,因而多采用透光性弱且坚实的门型,如镶有磨砂玻璃的大方格式的造型优雅的模压门。

灰白色玻化砖

木纹玻化砖

白色乳胶漆

木纤维壁纸

密度板拓缝

胡桃木装饰横梁

车边茶镜

白色乳胶漆

陶瓷马赛克波打线

米黄色玻化砖

米色玻化砖

木质踢脚线

红樱桃木饰面板

米黄色亚光玻化砖

仿古砖

水曲柳饰面板

木质格栅吊顶

密度板雕花隔断

黑白根大理石波打线

木纹玻化砖

雕花银镜

实木地板

文化石

木质踢脚线   仿古砖

雕花银镜

纯纸壁纸

深咖啡色网纹大理石波打线

有色乳胶漆

米色亚光玻化砖

白枫木饰面板

米色玻化砖

玻璃马赛克

浅咖啡色网纹大理石

黑镜装饰条

折叠门的特点

折叠门为多扇折叠，适用于各种大小洞口，尤其是宽度很大的洞口，如阳台。折叠门的五金结构复杂，安装要求高。折叠门一般采用铝合金做框架。安装折叠门可打通两个独立空间，门可完全折叠起来，有需要时，又可保持单个空间的独立，能够有效地节省空间使用面积，但价格比推拉门的造价要高一些。

植绒壁纸

白枫木饰面板

密度板造型隔断

有色乳胶漆

陶瓷马赛克

大理石饰面立柱

陶瓷马赛克

木质踢脚线

啡金花大理石波打线

木纤维壁纸

车边银镜

陶瓷马赛克

啡金花大理石波打线

雕花灰镜

有色乳胶漆

雕花烤漆玻璃

米色网纹玻化砖

大理石拼花

木纤维壁纸

木质踢脚线

车边灰镜

有色乳胶漆

PVC壁纸

啡金花大理石波打线

白色乳胶漆 ·····················•

强化复合木地板 ·····················•

仿古砖 ·····················•

深咖啡色网纹大理石波打线

植绒壁纸

强化复合木地板

陶瓷马赛克

彩绘玻璃

木质踢脚线

金属壁纸

米色亚光玻化砖

折叠门的选购

　　选择折叠门时,要先考虑款式和色彩应同居室风格相协调。选定款式后,可进行质量检验。最简单的方法是用手触摸,并通过侧光观察来检验木框的质量。抚摸门的边框、面板、拐角处,品质佳的产品没有刮擦感,手感柔和细腻。站在门的侧面迎光看门板,面层没有明显的凹凸感。

砂岩浮雕

车边黑镜

车边银镜

木质踢脚线

实木地板

磨砂玻璃

茶红色镜面玻璃

玻璃马赛克

强化复合木地板

车边银镜

石膏板拓缝

装饰灰镜

黑金花大理石波打线

仿洞石玻化砖

木纤维壁纸

强化复合木地板

米色玻化砖

黑白根大理石波打线

纯纸壁纸

实木雕花

雕花钢化玻璃

黑白根大理石波打线

有色乳胶漆

镜面马赛克　　　木纤维壁纸

木纤维壁纸

米色玻化砖

米黄色玻化砖

中花白大理石

陶瓷马赛克

白色亚光玻化砖

白桦木饰面板

皮革软包

白色玻化砖

泰柚木饰面板

大理石的特点

　　大理石主要由方解石、石灰石、蛇纹石和白云石组成，其成分以碳酸钙为主（约占50%以上），其他成分还有碳酸镁、氧化钙、氧化锰及二氧化硅等。每一块大理石砖的纹理都是不同的，且纹理清晰、自然，光滑细腻，花色丰富。据不完全统计，大理石现已有几百个品种，被广泛地用于室内空间的墙面、地面、台面的装饰中。

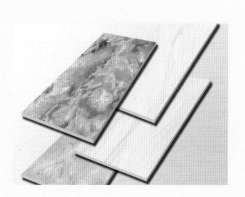

大理石踢脚线

啡金花大理石装饰线

啡金花大理石波打线

砂岩浮雕

大理石饰面装饰立柱

装饰灰镜

皮革软包

陶瓷马赛克波打线

密度板造型隔断

石膏饰面装饰立柱

陶瓷马赛克

木质踢脚线

木纤维壁纸   木质踢脚线

雕花银镜   车边银镜

PVC壁纸   爵士白大理石饰面垭口

白枫木饰面板

植绒壁纸

密度板雕花隔断

强化复合木地板